探索天气

Explore Weather and Climate

25 个了解天气的趣味活动

〔美〕凯瑟琳·赖利 著 【美】布赖恩·斯通 图

迟庆立 译

上海科技教育出版社

目 录

前言

词汇单

天气： 就是室外的情况，比如，冷热、阴晴、雨雪和刮风等。

温度： 冷热的程度。

你在室外的阳光下玩耍过吗？放过风筝吗？堆过雪人吗？如果答案是肯定的，那说明你对**天气**已经有所了解。只要一走出室外，你就能感觉到**温度**的高低，感受到风从头发上吹过。你还能感觉到雨滴或者雪花落在头上呢！

我们这个星球的一大优点，就是有各种不同的天气。只不过天气也可能会打乱你的计划。比如，你想出去骑车，可外面却在下雨；或者你想去游泳，可是天气又太冷。

仔细想想，天气真的是很神奇。为什么有时会下雪？有时会下雨？风是怎么来的？为什么会有电闪雷鸣？

词汇单

龙卷风：极具破坏力的旋转气流柱。

飓风：风速很高的大风暴。

洪水：漫过通常干燥的区域的水。

天气模式：在几天或几周内反复出现的天气。

天气预报：对未来天气的报告。

预测：说出未来会发生的事情。

气象设备：测量风向、风速、温度及其他天气因素的工具。

气候：一个地区在很长一段时期内出现的经常性天气。

天气的力量同样也很神奇。**龙卷风**和**飓风**能将树木和房屋彻底摧毁。**洪水**所到之处，所有的东西都会被卷走。冻雨能压断电线，让数千人陷入黑暗之中。

在这本书中，我们就来探索这些问题，甚至更多。你还会学到为什么有些地区的**天气模式**与别的地区不同，**天气预报**是怎样**预测**天气的。你会明白雨、雪和雨夹雪是怎么形成的，云和彩虹又是怎么回事。此外，你还能学习如何自制的**气象设备**，知道当自己的家人和朋友在遇到极端天气时如何做好安全防护，还能吃到"云"呢！

好，现在翻开书页，让我们来一起探索天气和**气候**吧！

1. 什么是天气

假设现在是星期六的早上。你起了床，穿好衣服准备出门。你一身短裤和T恤的打扮就往门外跑，结果一脚踩进了齐膝深的雪里。啊呀！你忘了想想今天是什么天气了。

当然了，你认为会暖和的天却下了雪，这种情况并不多见。但有的时候，天气确实会发生剧烈变化。就算是在同一个季节中，大的天气变化也会影响到你的出行计划。就以夏天为例吧。你可能觉得夏天总是阳光灿烂，热辣辣的。可是夏天也有下雨的时候，甚至有几天可能还挺冷。还可能出现雷暴这种极端天气，将夏日午后的平静彻底打破。

天气影响着我们的日常生活，改变我们的原定计划。假如雪太大，或者冰太厚，学校可能就要停课。下雨的天气，去海边玩儿的计划可能就不得不取消。若出现威胁到人身安全和财产安全的天气状况，比如大雷暴或龙卷风，就必须得保持警惕，找个安全的场所躲避。这也是为什么人们每天早上一起床就会问："今天是什么天气？"

词汇单

气象学家： 研究天气和气候科学的人。

观察： 非常仔细地看。

气团： 与周围空气不同的一大团空气。

气压： 包裹着地球的气体向下压的力，也称为大气压。

气象预报员

你从广播或电视上听到或看到过有人在报告这个星期的天气吧？研究天气的人被称为**气象学家**。他们通过**观察气团**的运动、气温的变化和**气压**的升降，来预测一个小时之后或者明天或者下个星期的天气状况。当然，这种预测并不完全准确。有时候，天气预报说会下大雨，结果只下了几滴毛毛雨。

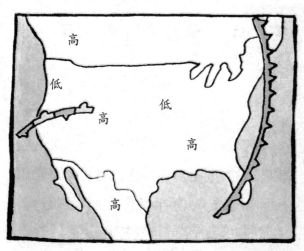

词汇单

气压表： 一种用于测量气压的气象设备。

风速表： 一种用于测量风速的气象设备。

气象卫星： 围绕地球运行的一种人造地球卫星，负责将有关天气模式的图片发回地球。

雷达： 一种向外发射无线电脉冲，并接收反射回来的脉冲信号的设备。

准确的天气**预报**，对人们做计划很重要。农民需要知道什么时候播种，航空公司需要知道什么时候起飞安全。但是要对天气进行预报，需要考虑的因素非常非常多，所以就算是气象学家有时也会误报。

天气预报
是怎么来的

气象预报人员通过计算机获取当时天气状况的气象图。不过，计算机并不能告诉你一切，还需要气象学家通过细致的**观察**，来掌握天气变化趋向和模式，这有助于理解计算机提供的信息。此外，气象学家还会利用**气象卫星**和多普勒**雷达**来捕捉正在形成的天气。

你知道吗？

在计算机出现之前，天气预报人员要靠**气压表**、**风速表**和目测来预报天气。

普通雷达的工作原理是，向外发送信号，这些信号遇到物体后会反射回来。雷达接收到反射信号后，就知道在那儿有个东西。但想知道这个东西到底是什么，往往非常难。多普勒雷达也是向外发射信号，信号同样会反射回来，但多普勒雷达能够测量风速、**降水**类型，甚至能测量冰雹的大小。它还能告诉气象学家一个物体是在靠近，还是远离。

天气预报并不完美，但随着**技术**的进步，它的准确程度正逐步提高。今天的天气预报，基本可以准确预测未来 5 天之内的天气。天气预报所包括的内容大致有：

气温：太阳给地球和**大气层**加热，所以你会觉得暖和。当然，如果云层很厚，太阳无法穿透时，你就会觉得比较冷。

词汇单

降水：从空中落到地面的任何形态的水，比如雪、冰雹、雨。

技术：能够用于解决问题或工作的工具、方法和系统。

大气：围绕地球的气体。

降水：每个人都想知道："今天会不会有雨呀？"但是，雨并不是降水的唯一方式。降水是指降到地球表面的任何形态的水，包括雪、雨夹雪、冻雨，还有冰雹等。

气压：又称**大气压**，是地球的大气层向下压向地球的力。空气可能看不见，但空气是有重量的。冷空气更**致密**一些，所以会下沉。这是因为空气中的**分子**在温度低的时候会被挤压在一起。热空气要轻一些，所以会上升。在气压发生变化时，就会带来强风。

词汇单

大气压：大气向下压的力，也称为气压。

致密：分子被紧紧挤压在一起时的状态。

分子：构成物质的一种基本粒子。

天气看起来不错

在气象设备发明之前，人们全凭观察大自然来预测天气。事实证明，通过观察得到的一些预测非常准确！为了帮助自己记住这些预测结果，人们还专门编成了谚语。

"今夜露水重，明天太阳红。"

如果夜里没有下雨，第二天早上可以检查一下草叶。如果草是干的，说明疾风已经把露水都吹干了，而疾风往往意味着会下雨。如果草上还湿湿地挂着露水，就说明没有风，十有八九不会下雨。

"日晕三更雨，月晕午时风。"

围绕太阳或月亮的圆环，是光线穿过高空的冰晶形成的。水汽升到那样的**海拔**时，说明一个携带着雨雪的活跃天气系统正在靠近。

"叶卷边，地不干。"

湿度会让一些树叶变软，出现卷边或者翻转的现象。湿度高意味着可能会降雨。不过，这个谚语只适用于某些树木，例如橡树和杨树。

词汇单

海拔：物体高出海平面的高度。

湿度：指空气中的水汽含量。

"东风急，备斗笠。"

风是非常好的天气指标。想知道风往哪边吹，往空中撒一把草就行了。如果风从东边吹来，说明要下雨了。如果是非常强劲的东风，说明要下大雨了。

"老牛尾朝西，肯定好天气。"

牛总是背风站着，这样如果周围有想吃掉它的野兽，它就能闻到。所以，如果牛头朝东尾朝西地站着，说明风从西边吹来。而刮西风，就说明是个好天气。

"朝霞不出门，晚霞行千里。"

还记得太阳是从东边升起，西边落下吧。但是，天气模式在**北半球**的运动方向是从西向东的。

天上的红霞是阳光被云层反射后形成的。如果晚上的天空有红霞，说明云层正向西移动，接下来是晴朗无云的天气。但如果早晨起来天空就是深红的颜色，那说明携带了大量水汽的云团正从西而来，会带来雨水。

词汇单

北半球：地球上赤道以北的半球。**赤道**以南的半球称为南半球。

赤道：将地球分为南北两个半球的一条看不见的分割线。

"蟋蟀能报告气温"

如果你听到了蟋蟀叫，可以数数它每14秒钟叫几次。在这个数上，再加上40，得出的总数大致就是气温实际的华氏度。想知道摄氏度，就数数它25秒内叫几次，然后除以3，得数再加上4，就是摄氏度。

什么是气候

你住的那个地方，冬天可能会下很厚很厚的雪。而你亲戚家住的地方却可能很热，一年中大半年的时间，他们穿的都是短裤。这到底是怎么回事？为什么会有这么大的不同呢？不同的地方，或者说**地区**，天气模式也各有不同。我们所说的天气，实际上是对短时期内天气模式的观测，比如昨天下没下雨？今天热不热？而气候则是对很多很多年的天气模式的观测。

词汇单

地区：地球上的一大片地方。

物种：一类有亲缘关系的、外形相似的动物或植物。

适应：为了生存而发生的改变。

环境：生物生活的地方。

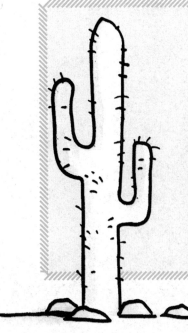

家，温暖的家

从茂密的热带雨林到干燥炎热的沙漠，到冰封严寒的极地，不论是哪种类型的气候，都有动植物生存。但是，在雨林里你找不到骆驼，在极地你不会看到仙人掌。这是因为动植物**物种**都已经**适应**了某一种特定的**环境**，如果发生了剧烈变化，它们就无法生存。

词汇单

气候带：气候相似的大面积区域。

提到非洲，你会想到什么样的天气？应该是炎热干燥吧。那北极呢？牙齿冻得直打颤吧。寒冷至极，到处都是冰雪。这就是这些地方的气候。但是单就一天来说，非洲的沙漠里也有下雨的可能，甚至还可能有些寒意。这就叫做天气。而总体趋势，也就是气候，还是炎热而干燥的。

世界上分布着不同的**气候带**。总体说来，这些气候带是按照气温和当地降水量的多少来分类的。地球上基本的气候带有三个：热带、温带和寒带。

热带：这个气候带沿地球的赤道分布。因为受到太阳光直射的时间更长，所以热带比赤道较北或者较南的地区都要炎热。热带的气候可能干燥，也可能湿润，可能是沙漠，也可能是雨林。

温带：地处温带的地区，温度虽然可能会有不同，但不论是很热的时间，还是很冷的时间都不会很长。美国的大部分地区和欧洲都属于温带气候。

寒带：寒带靠近地球的两极。像南极洲、美国的阿拉斯加，还有格陵兰岛都属于寒带。这些地区获得日光直射的时间最少，所以气候也最冷。

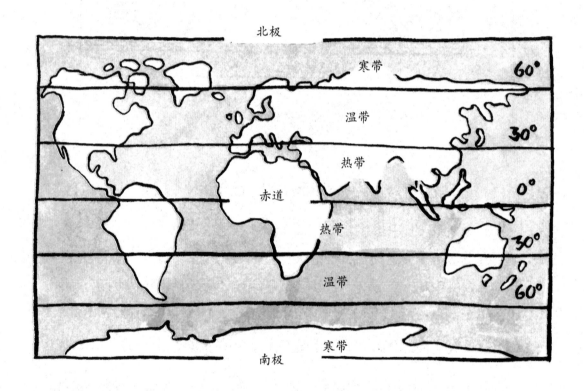

自制能吃的气候带图

世界上存在着多种不同的气候类型，美国同样有很多不同的气候。有了这个能吃的"地图"，你就能边吃边告诉家人夏天美国各地都是什么气候了。

活动准备

◎ 做披萨或者甜饼的面团

◎ 披萨上放的料，比如番茄酱、火腿丁、橄榄、香肠、菠萝、各式奶酪、蘑菇或者青椒

◎ 甜饼上加的装饰，比如碎巧克力、椰丝、坚果或者彩色糖豆

1 仔细观察如图所示美国地图，把面团捏成美国地图的大致形状（不用特别完美！）。

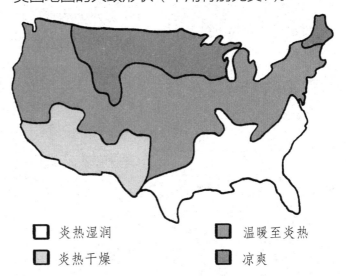

☐ 炎热湿润　　☐ 温暖至炎热
☐ 炎热干燥　　☐ 凉爽

2 如果做的是披萨，就把整幅地图抹上番茄酱，再撒一层奶酪。之后，就可以准备制作气候图了。

3 美国基本上可以分为四个气候区：炎热湿润区、炎热干燥区、温暖至炎热区和凉爽区。每个气候区用一种料表示。

4 按照披萨或甜饼食谱所需的时间烘烤，烤好后和全家人一起分享。

自制天气游戏卡

这个小游戏能告诉你天气对许多室外活动的影响，你可以和家人一起玩。玩的时候，要说出在遇到意外的天气状况时，对原定的外出计划可以做哪些调整。

活动准备

◎ 索引卡

◎ 记号笔、蜡笔或彩色铅笔

◎ 一大张纸或者海报版（或者把若干张纸用胶带粘在一起也行）

◎ 用作骰子的小东西或小图片

1 在几张索引卡上画上代表不同天气状况的图案，比如晴天、下雨、雷雨、下雪、刮风、极端天气（龙卷风）、低温、酷热等，列出的天气状况越多越好。在索引卡背面，也就是空白的一面，写上"天气卡"。将卡片整理好放在一边。

2 再取一些索引卡，画上代表不同室外活动的图画，或写上相关的描述。尽可能多想些活动项目——滑雪、游泳、去水坑戏水、放风筝、用舌头接雪花、野餐、骑车等。在每张卡空白的一面写上"活动卡"。

3 把卡片放在一边，拿出一大张纸作为游戏板。在上面画一个起点，画一个终点，再画一条弯弯曲曲的线，将起点和终点连起来。之后，在这条弯曲的路线上，再画上若干个小方块，将路线分成很多段。玩的时候，代表每个人的骰子就是沿着这些方块向前。方块不要画得太多了，否则游戏花的时间就太长了。

4 取来天气卡，背面朝上放在游戏板的中央。再取来活动卡，同样背面朝上，放成另一叠。

5 把每个人的骰子都放在起点处。玩的时候，天气卡和活动卡各取一张。如果活动卡上的活动项目可以在天气卡上显示的天气进行，就把你的骰子向前移动一格。如果不能进行，那么你的骰子就不能动。你就得把卡放下，轮到下一个人。

6 如果所有的卡都取完了，就把两叠卡分别洗一遍，继续取牌。第一个到达终点的人就是赢家。

自制听雨棒

你喜欢听雨声吗？做一根听雨棒，你就能随时听到雨声了，还不会被淋湿！请大人帮忙钉钉子。

活动准备

- 一根长些的硬纸卷筒（最好是用包装纸卷成的纸筒，不过厨房用的卷筒纸芯也行，或者用封箱胶带把几个卷筒芯粘成一根也可以。）

- 记号笔

- 2.5厘米长的钉子，钉子的数量视你的纸卷筒长度而定

- 封箱胶带

- 彩纸

- 生大米或生豆子

- 粘贴画

1 你的纸卷筒上会有一条螺旋向上的边。用记号笔在离这个边向上1厘米的地方，在纸筒上从上到下做好标记。这就是你一会儿钉钉子的位置。钉子不能钉在螺旋的边上，否则纸筒就会散掉。各标记之间要相隔1厘米左右。

2 在大人的协助下，仔细地将钉子扎进每个位置。钉子绝对不能穿透整个纸筒从另一边钻出来。

3 用封箱胶带将纸筒一圈圈缠好，这样既盖住了钉子头，也保证了钉子不会移位。

4 再剪一张纸，纸的大小要能封住纸筒两端的开口。将纸筒的一端封好，用胶带粘牢固定。

5 从纸筒另一端的开口，将大米或者豆子倒进去，大约可以倒进去一把大米或豆子，具体视纸筒的长度而定。现在，用手捂住开口，把听雨棒倒过来听听声音。如果你想要声音响些，就再多加些米或者豆子。

6 等你听着声音合适了，就用另一张纸将纸筒还开着的一端封死，用胶带粘好。

7 用记号笔、粘贴画或者彩纸把听雨棒装饰一下。想听雨声的时候，把听雨棒倒过来倒过去就行了！

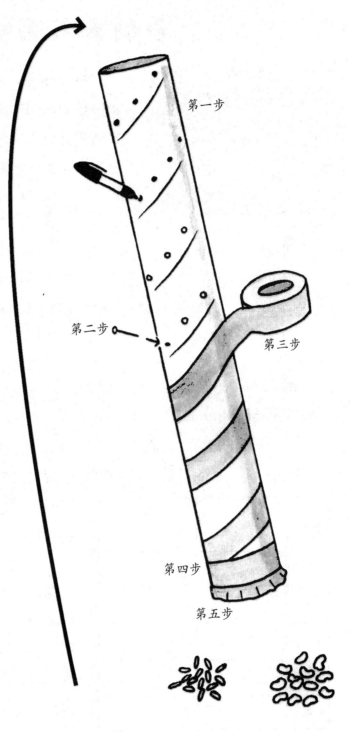

第一步

第二步

第三步

第四步

第五步

自制天气预报表

气象预报人员有精密的气象设备和计算机来帮助他们预测天气。你可以通过制作天气预报表这个比较简单的方法来预报天气。看看你的预报到底有多准确吧！

活动准备

◎ 记号笔

◎ 招贴板

1 用记号笔在招贴板上画出三栏。第一栏上标"星期"，第二栏上标"我的预报"，第三栏上标"实际天气"。

2 每一栏分成七行。因为你需要记录整个一周的天气，所以在各行上依次写上"星期一"、"星期二"，直至"星期日"。

3 第一天，看看外面，仔细观察一下。参考第13、14和15页上关于天气的谚语。这些谚语能够提示你到底观察什么。你的观察结果意味着什么？比如，你观察到橡树上的一些叶子卷起来了，就可以在"我的预报"一栏中写上"要下雨了"。

4 第二天，将前一天的实际天气状况填在"实际天气"一栏。确实下雨了吗？你是不是漏掉了什么迹象，还是你的预报准确无误呢？

5 接下来的几天继续观察，直到一周结束，看看自己的天气预报到底有多准。就算有几天预报得不准，也不要灰心。就算是专业的气象预报人员有时也会预报错呢！

星期	我的预报	实际天气
星期一		
星期二		
星期三		
星期四		
星期五		
星期六		
星期日		

多普勒效应实验

多普勒雷达能测量声音的信号在碰到物体后反射回来时发生的声音变化，这是它的工作原理。通过下面这个简单的实验，你就明白是怎么回事了。

活动准备

- 电动剃须刀或者其他能持续发出声音的物体
- 录音设备，比如电脑、智能手机或者其他数字录音设备
- 音叉（可选）
- 细绳（可选）

1 打开电动剃须刀或者其他能持续发声的物体，将它运转的声音录下来。之后，将录音回放。录音听起来应该和剃须刀原本发出的声音基本一样。

2 再将剃须刀打开，进行第二次录音。在这次录音的时候，先把它放得离录音设备近一些，之后再挪远一些。

3 回放录音。这次你会听到音调在变化，听起来应该是离录音设备近的时候声音更高，离得远的时候声音更低。这正是多普勒雷达的工作原理之一。它能测量声音的高低差别，这样我们就能知道物体是在靠近还是远离了。

4 如果你有音叉的话，可以在音叉上绑根细绳。学校里的音乐教室或者科学教室可能可以找到音叉。请人敲一下音叉，像平时那样听。之后，再敲一下音叉，然后请人捏着细绳，使音叉绕着他转圈。这时你就会听到随着音叉一圈圈地旋转，音调也在发生着变化。

2. 气温

你最喜欢一年中的哪个季节呢？也许是夏天吧。夏天的户外活动时间很长，可以去游泳，还能吃冰冻的雪糕。也可能是秋天，这时候可以摘苹果，可以在落叶上沙沙地踩过。那你喜欢冬天踩着滑雪板从山坡上一冲而下吗？喜欢春天在院子里栽种花果吗？随着季节的变换，温度也在不断变化，而你喜欢的室外活动项目当然也就在变。

你知道吗？

地球上有记载的最低气温是 -129 °F，是在南极，这相当于 -89.5℃。哆啰啰！

谈谈温度

怎么才能知道室外的温度呢？当然是看**温度计**。现在的温度计很多都是**数字产品**，但从前的温度计是在玻璃管里装入**水银**制成的。天热的时候，水银受热发生**膨胀**，温度计里的水银柱就会升上去。天冷的时候，水银**收缩**，水银柱就会落下来。

温度的三种计量标准：

华氏温标：在美国，用来计量温度的单位是华氏度（°F）。使用华氏温标计量时，水在 32 °F 结冰，在 212 °F 沸腾。

摄氏温标：除了美国，世界上的大多数国家用的都是摄氏度（℃）。用摄氏温标计量时，水在 0℃ 结冰，在 100℃ 沸腾。

开氏温标：科学家们使用的温度单位叫做开尔文温标，用符号 K 表示。开氏温标的零点，是物体所能达到的最低温度。水在 273K 结冰，在 373K 沸腾。

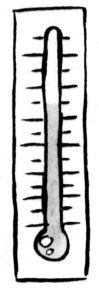

是不是有点热

有的时候，人体对气温的感觉比温度计上看到的要高。如果空气中有大量水汽，就会很潮湿。温度计上显示的仅仅是空气的温度，而湿度的增加，会让你感觉更热一些。

热的时候人就会出汗，这是人体散发体内多余热量的方式。通常情况下，皮肤上的汗水会蒸发到人体周围的空气中，人体就会降温。但是如果周围已经很潮湿，空气中已经充满大

词汇单

热指数：与空气湿度结合后的气温。

中暑：人体内热量过度积蓄后发生的状况。

你知道吗？

世界上有记录的最高气温为58℃（136 ℉），发生在北非的利比亚，时间是在1922年9月13日。这样的温度，简直就是在火上烤呀！

量水汽，皮肤上的汗水就不容易蒸发掉，你想要凉快下来就比较难了。

为了让人们对户外的空气状态有所了解，科学家们发明了**热指数**这个词，将空气的温度与湿度结合了起来。热指数非常高时，可能对人体造成威胁，引发**中暑**。这时人会心跳加快，感觉晕眩。中暑绝不是小事，如果你在户外活动时感觉到有这些症状出现，就要赶快寻求帮助。

如果热指数是	对人体构成的危险程度是
32—40℃（90—105℉）	在户外时间过长时，**可能**发生中暑
40—54℃（105—130℉）	在户外时间过长时，**容易**发生中暑
> 54℃以上（> 130℉）	在户外时间过长时，**极易**发生中暑

不过，幸好有气象预报人员为大家留意。他们会提前发布预警，告诉你哪天会出现危险的高温天气：

高温预警：该预警发布，意味着热指数已超过40℃（105℉），但低于46℃（115℉）。

过热警示：该警示意味着几天之内的热指数可能达到46℃（115℉），或更高。

过热警告：该警告意味着至少连续两天热指数将超过46℃（115℉）。①

你知道吗？

气候受到洋流和海拔的影响。靠近北极的阿拉斯加州的州府朱诺，反而比美国本土西南地区亚利桑那州的弗拉格斯塔夫温暖的天数更多。原因是，朱诺靠近海洋，而弗拉格斯塔夫的海拔又比较高。

---

① 这是美国国家气象局根据本土情况制定的高温预警分级，与我国的分级不同。——译者注

外面真冷啊

在冬天，你基本不会看到热指数。但是，冬天有冬天表示户外温度体感的指标——**风冷**。

你可能已经注意到了，有风的时候会感觉更冷些。风冷指标是将风的强弱考虑在内之后的气温。假设室外温度是 –15℃，这就相当冷了！但如果风的速度是每小时 8 千米的话，那么感觉起来就像 –20℃。而如果风速达到每小时 32 千米，那你的实际感觉就像外面是 –26℃一样！这回知道风在其中起多大作用了吧？

哆啰啰！

不过，气象预报人员会留意的。如果户外会冷到危险的程度，他们会提前预警：

风冷预警：风冷预警发布，说明风冷应该会达到 –31——–26℃。

风冷警报：说明风冷预期会达到 –32℃以下。

呼，呼，呼

奇怪，为什么在天冷的时候能看到自己呼出的气？这是因为你呼出来的气又温暖又湿润（里面有蒸发了的水分）。这股热气遇到冷空气后，里面的湿气变冷凝结，结果就是你看到的那一小团水气。

让我热起来

从很多方面说，太阳使生命成为可能。阳光让植物生长，给我们带来光明，也让我们能保持健康。不过对我们来说，太阳最重要的是它为我们提供了温暖。

一切天气都始于太阳。太阳不仅温暖了我们，也加热了我们周围的空气。而天气变化靠的正是热空气。空气被太阳加热后，会产生升降运动。空气的这种运动就形成了风。在这本书的下一章中，你会读到更多有关空气运动的内容。

现在，你只需要记住，来自太阳的热量是大气不断运动的根源。

你知道吗？

如果你喜欢冷天，就去美国阿拉斯加州的巴罗。那里的气温，每年平均有 321 天是在 0℃以下。这还没有将风冷计算在内呢！

季节的变换

　　为什么会有春、夏、秋、冬呢？那是因为地球在公转**轨道**上围绕太阳旋转时，自身略微倾斜。这就使得地球的一个半球面向太阳的时候，另一个半球倾斜着背离了太阳。

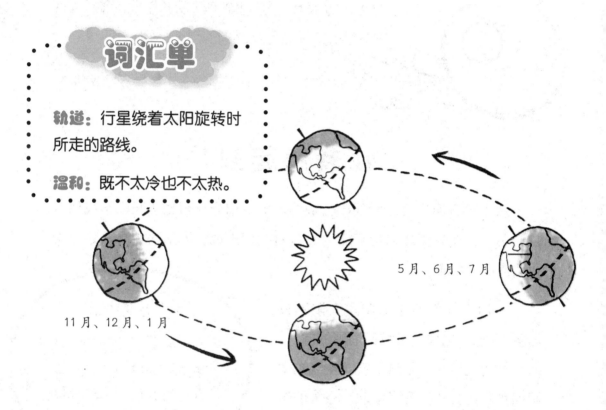

词汇单

轨道： 行星绕着太阳旋转时所走的路线。

温和： 既不太冷也不太热。

5月、6月、7月

11月、12月、1月

　　5月、6月和7月，是北半球的夏季，也是南半球的冬季。此时，北半球更直接地对着太阳。夏季时，白天时间长，天气温暖。11月、12月和1月，南半球更直接地对着太阳，进入了夏季。而这时，就是北半球的冬季。春季和秋季两个季节，大部分地区的温度都很**温和**。除了赤道以外，地球上的其他地区都不会直接对着太阳，当然也不会躲开阳光的照晒太长时间。所以，春季和秋季既不像冬天那么冷，也不像夏天那么热。

极 端 气 候

有些气候是极端的冷或者是极端的热。例如，沙漠地区的温度会非常高。可到了晚上，沙漠中有些地方的温度能降到冰点以下！这是因为那里没有树，没有草，也没有其他的植物来吸收白天日晒时的热量，并储存起来。

靠近赤道的地方都极度炎热。这是因为这些地方受到太阳直射的时间比地球其他任何地方都多。赤道永远也不会因为地球的倾斜而远离太阳。比如，非洲北部就承受着太阳的炙烤。原因是它的位置正好在赤道上，而且受稳定的高压带控制。所以这里基本上终年晴朗而炎热，几乎没有什么降雨。

而另一方面，两极地区几乎得不到太阳的直射。因此那里的温度非常低，可以连续数月维持在冰点以下。

你知道吗？

在印度，一年不是四季，而是六季：春季、夏季、雨季（**季风**）、秋季、凉季和冬季。每个季节大致持续两个月左右。

词汇单

季风：夏季时为南亚地区带来大量降雨的风。

自制阳光捕捉器

不管外面是冷是热，利用这些简单易做的阳光捕捉器，你都可以享受从窗外投射进来的阳光。

活动准备

- 🌀 蜡纸
- 🌀 胶水
- 🌀 纸盘子
- 🌀 剪刀
- 🌀 毛线
- 🌀 食用色素
- 🌀 牙签

1 在工作台上铺一大张蜡纸（铺烤盘用的纸）。

2 在纸盘子上倒一点点胶水。

3 剪下一截毛线，长度大约 30 厘米，之后将毛线从胶水中整个拉一遍。用拇指和食指将线上多余的胶水挤掉。理想的效果是，毛线上的胶水量足以让毛线变硬，但还不会滴滴答答。

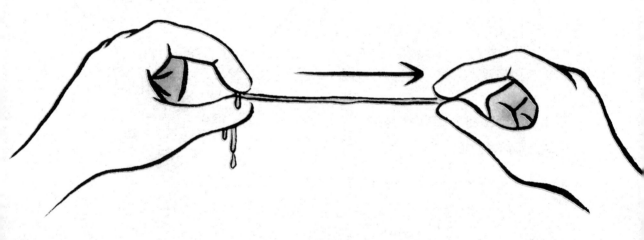

4 将毛线在蜡纸上摆成你想要的任何形状，比如星星或者心形。毛线的两端一定要接上。我们要的是一个完全封闭的形状。之后让它彻底干透。

5 再剪一小段毛线。等刚刚做好的毛线圈彻底干透成型了，小心地捏着一个边拎起来，用刚剪下的这一小段毛线穿过去系成一个小环。这个小环是用来悬挂阳光捕捉器的。然后，将毛线圈放到蜡纸上。一定要放平，哪怕是微微翘起来一点，下一步倒胶水的时候都会漏掉。

6 在纸盘子里再倒一些胶水，这回要加入几滴食用色素。用牙签将色素和胶水搅拌均匀。然后将胶水倒入你的毛线圈内。用牙签把胶水向四处涂抹，要保证毛线圈围成的形状内所有地方都涂上了胶水。

7 把阳光捕捉器彻底晾干，然后从背面将蜡纸小心地扯掉。接下来就是找一个阳光充足的窗户，把它悬挂起来。

8 试试制作更多的形状。你还可以用毛线把一个阳光捕捉器分成几格或者几个部分，再将不同的部分做成不同的颜色。

阳光照射角度实验

活动准备

❂ 白纸

❂ 冰柜或冰箱的冷冻室

❂ 墙或者其他能挂带纸夹的笔记板的地方

❂ 在打开的时候能散发出热量的高亮手电筒

❂ 一小摞书，高度要达到5厘米左右

❂ 带纸夹的笔记板

❂ 铅笔

这个实验会告诉你为什么阳光直射的地方，比如赤道，会特别炎热。而在阳光斜射的地方，比如美国的大部分地区，就没有那么酷热。

1 将纸放在冷冻室里冷冻15分钟左右。同时，把书搬到离墙大约5厘米的地方摆好。将手电筒打开放在书上面，这样就可以直接照着墙。

2 将纸从冷冻室中取出，并迅速地夹在笔记板上。将笔记板靠墙放好，让手电筒照着。尽可能将笔记板呈竖直状放好。

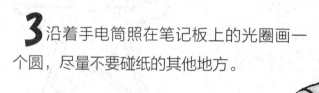

3 沿着手电筒照在笔记板上的光圈画一个圆，尽量不要碰纸的其他地方。

4 等10秒钟左右，将手电筒关掉，摸一摸纸上手电筒照射的地方。再摸摸纸上那个紧靠着圈外面的地方，再摸摸离圈更远些的地方。离手电筒照射的地方越远，纸的温度就越低。

5 将纸再放回冷冻室。15 分钟后，取出来再夹在笔记板上。

6 这回让笔记板呈一定角度斜靠在墙上，倾斜着偏离手电筒。之后，打开手电筒照着纸，然后沿着手电筒照在纸上的光圈画一个圆。

7 10 秒钟以后，将手电筒关掉，再摸摸纸。这回应该没有第一次摸时那么热。

8 看看你沿着光圈画出来的圆。第一次的圆比较小，但热度更高。第二次的圆要大一些，但热度也要低一些。

你知道吗？

太阳到地球的距离差不多有1亿4500万千米，但太阳光仅用了8分钟就到达了地球。这就是光速。

季 节 实 验

活动准备

◎ 灯罩能取下来的台灯

◎ 地球仪或一个大球

这个实验能让你明白，为什么如果地球不是倾斜的，我们就不会有四季。怎样举着你的地球，绕着你的太阳转，具体方法请参考第 32 页上的图。

1 将台灯放在桌子或地板上。放置的地方一定要平稳。将灯罩取下来，灯打开。这就是你的"太阳"。

2 站在离"太阳"1 米左右的地方，举着地球仪——这就是你的"地球"。将地球仪微微倾斜，让它的顶端偏向台灯。

3 观察光线是怎样照射在地球仪上的。偏向光线的那一部分（地球仪的上半部分）正处在夏季，而下半部分则处于冬季。

4 保持倾斜的角度不变，之后绕着灯走四分之一圈。这时就是南半球的春季，同时也是北半球的秋季。

5 绕着灯再走四分之一圈，此时你站的位置正和你刚开始的位置相对。你的"地球"上南半球进入了夏季，而北半球则是在冬季。

6 接着再走四分之一圈，你的实验就结束了。这时北半球的春天到了，而南半球进入了秋季。

自制温度计

温度计的工作原理，是温度计里面的液体受气温高低的影响膨胀或收缩。液体受热时会膨胀，温度计内的液柱就会升高。而液体遇冷时会收缩，液柱就会降低。通过这个实验，你可以观察温度计的工作过程。

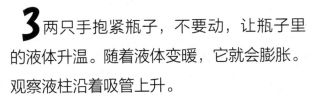

活动准备

- ⚙ 透明塑料瓶
- ⚙ 水
- ⚙ 外用酒精
- ⚙ 食用色素
- ⚙ 橡皮泥
- ⚙ 透明的吸管

1 将酒精和水以 1：1 的比例混合，倒至塑料瓶二分之一处。滴入几滴食用色素。这样液体就比较容易看见。

2 在吸管的一端裹一圈橡皮泥，另一端插入瓶中，但不要碰到瓶底。如果你怕吸管碰到瓶底，就将橡皮泥向下推。

3 两只手抱紧瓶子，不要动，让瓶子里的液体升温。随着液体变暖，它就会膨胀。观察液柱沿着吸管上升。

39

你要是注意过电视上的天气预报，应该就见过有很多线条和符号标注的气象图。你可能还听过气象预报员说"高压带正在形成，并向本地区移动"，听起来颇让人困惑，你不过是想知道上学时是否需带雨伞而已。但是，气压的确能告诉我们未来的天气会是什么样的。

天气预报谈到气压的时候，其实是在说大气压向地球表面的压力有多大。像空气这种看不见的东西居然能有向下的压力，这可能有点让人难以置信。毕竟，我们身边时时刻刻都有空气包围着，但我们并没有什么感觉。

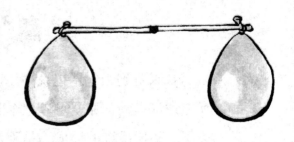

你可以用气球来做一个小实验，证明空气是有重量的。在一个木棍的两端悬挂两个吹好的气球，将木棍像天平一样保持平衡，说明两个气球的重量就是一样的。但是如果你将其中一个气球的气放掉，天平就会向鼓着的那个气球倾斜，原因就是空气是有重量的。

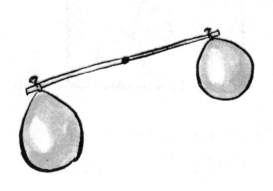

和温度计中的水银一样，空气受热就会上升，遇冷就会下沉。这是因为空气受热后，气体分子的运动速度就会加快，分布也更分散。这就使空气的密度降低，因此上升。而空气遇冷后情况正好相反。所以，热气团会向上升，而冷气团会向下沉。

地球上总有些地方比别的地方热。日夜的交替、地球本身的倾斜，以及不同的地表状况——比如岩石、树木或者水——对阳光的吸收能力不同，都会影响到气温。空气总是在被冷空气和热空气覆盖的地区之间往来流动，努力想平衡两边的气温。这就产生了气压的变化，气压又进而影响到了天气。

你知道吗？

人体表面始终处于1千克／平方厘米的压力之下。你感觉不到这种压力，是因为你的体内也存在着气压，正好和外部的气压平衡抵销了。

"高"了，压力

如果听到天气预报说高压区正向你所在地区移动，那就可以把伞收好放起来了。高压系统的形成，是因为有一团空气比它周围的空气温度低。空气冷却时，分子间的距离就会缩小，造成空气的密度增加，结果空气就下沉了。

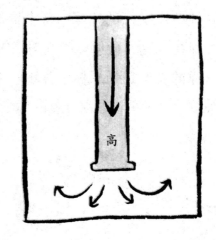

当一团空气下沉后，它空出的位置就需要周围的空气来填补。在周围空气填补空间的过程中，就会对你所在地区的地球表面产生压力。而填补空间的空气所带来的压力，又会吹散云层，带来晴朗的好天气。这就是为什么高压系统又被叫做"晴天系统"。

大 气 压 力

科学家用来测量空气压力大小的气象仪器，叫做气压计。气压计有很多种，但工作原理都基本相同。将两边开口的一根长玻璃管，一头插入一杯液体金属（比如水银）中。空气向下压向杯中的液体中，有一部分液体就被挤进了玻璃管中。气压越高，液体在玻璃管中上升的高度越高。通过观察气压计，就知道气压是高是低。气压计还可以用来追踪气压的升降。

低压低低低

低压系统是一团旋转的湿热空气。温暖的空气会上升，而填补空间的空气也会跟着向上，离开地球表面，而不是向下压。所以当气压是低压的时候，就该带雨伞了！

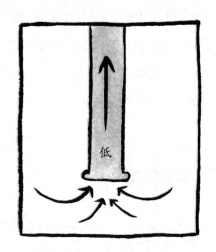

热气团上升得越高，就越稀薄。空气越稀薄，保存热量的能力也就越低。通过释放出水气，热气团开始冷却。这就产生了云、降雨、降水，还有热带风暴、飓风这样的恶劣天气。

风 的 变 化

空气从一个压力系统向另一个压力系统的不间断运动，就只有一个结果——风。风就是运动中的空气。一个气团上升或下降之后，它空出的空间不能就那么空着，别的气团就会赶紧过来将这个空间填满。空气的这种运动，就是我们感受到的风。

有太阳光照射的时候，陆地上空的空气比海洋上空的空气受热速度快。于是陆地上的空气就会上升，它原有的位置会被从海上过来的温度略低的空气所取代。这就是为什么在夏日炎热的午后，在海滩上吹海风感觉特别舒服！

锋 的 到 来

　　冷热空气相遇时，就会产生锋。注意观察一下电视上的气象图，往往遍布线条和符号，显示哪里正有什么锋。只要有锋的地方，就会有降水。热空气遇到了冷空气，就会爬升到冷空气上方，之后开始冷却。如果是冷空气遇到了热空气，就会将热空气继续向上顶。知道热空气上升意味着什么吗？暴风雨！

表示锋的符号	含义
冷锋	冷锋是指冷空气在朝着三角形所指方向移动。气温会下降，有可能出现降雨。
暖锋	暖锋是指热空气在朝着半圆形所指方向移动。气温会上升，同样有可能带来降雨。
静止锋	冷暖气团并不是总能强大到推走彼此，锋可能在同一个地方滞留数日，这就是静止锋。冷空气朝着半圆形所指的方向移动，而暖空气则朝向三角形所指的方向移动，可能出现多云天气和降水。
锢囚锋	一个快速移动的锋，追上了一个移动缓慢的锋时，就产生了锢囚锋。你会感觉到有风，温度也会快速变化。

在高高的山顶上

　　温度变化不是影响气压的唯一因素。海拔也是影响因素之一。山顶的气压，比海边的气压要低得多。这是因为，你所处的地方越低，头上的空气越多。记住，空气是有重量的，而且会向下压着你。但是如果你爬到高处，向下压着你的空气就少一些。

　　如果想攀登珠穆朗玛峰，你知道低气压意味着什么吗？气压低的时候，空气中分子之间彼此的距离就更大。那么，空气中都有哪些分子呢？有呼吸需要的氧分子！而因为氧分子都散开了，你吸到的每一口气中含氧量都不够。如果你慢慢地爬，身体是可以适应低气压环境的。你的心跳会加快，呼吸的频率也会加快，你的身体会制造出更多向全身各处输送氧气所需的红细胞。可如果你爬得太高，爬得太快，就会感觉恶心头痛。这就是人们所说的高原反应。

气压实验

这个好玩的实验展示的是气压的力量。可以和朋友与家人一起做，帮助他们一起了解气压！

使用火柴时，要让大人帮助。

活动准备

❂ 熟鸡蛋

❂ 广口瓶，比如那种老式的牛奶瓶

❂ 火柴

1 把熟鸡蛋的壳剥掉。

2 请大人点着一根火柴，扔进瓶子里。火柴一进瓶子，马上把鸡蛋小的一头朝下塞在瓶口上。

3 观察接下来会发生什么。因为火柴燃烧时用掉了瓶子中的部分空气，瓶子中的气压就降低了。这样，瓶子外的气压相对而言就高了。气压高的地方的空气，想移动到气压低的地方，就向下挤那个鸡蛋，结果鸡蛋就"啵"的一声钻进瓶子里去了。

空气加热实验

这个实验的目的是展示空气受热后是怎样上升并膨胀的。

请大人帮忙烧热水。

1 将气球套在瓶口上，放在一旁。

2 倒半锅水。请大人帮忙将水烧烫，但不要烧开。

3 将瓶子小心放入烫水内（如需要，请大人帮忙拿着瓶子）。过一会儿，气球就会慢慢鼓起来。为什么呢？是因为瓶子里的空气正在变热。随着空气升温，空气中的分子运动得越来越快，分布得越来越分散。随着气体的膨胀，气体分子移出了瓶子，进入了气球，并把气球吹了起来。空气还是那么多空气，和刚开始的一样，但现在它所占据的空间更大了。

自制风向袋

风向袋是另外一种对风进行观测的气象仪器。风向袋可以指示风是从哪个方向吹来的。在这个实验中，你可以自制一个风向袋，挂在户外。

请大人帮忙将衣架弯曲成型。

活动准备

- 旧长袖衬衣
- 剪刀
- 铁丝衣架
- 针线
- 一小块石头或其他重物
- 4 根绳子，每根长 30 厘米左右
- 长棍一根，长度 45 厘米左右
- 指南针

1 从旧衬衣上剪下一只袖子。

2 将衣架扳成一个圆圈，圈的大小要和袖口大小一样。如果衣架的铁丝太长，请大人帮忙剪掉一截。用针和线，将铁圈缝进袖子里，这样袖子的一头就被铁丝圈撑着，成了一个圆形的开口。

3 将那块小石头或其他小重物缝在袖子的另一端开口处旁。有了这个重物，你的风向袋才会始终迎着风。

4 风向袋的圆形开口上，等距离把那四根绳分别缝上。绳子的另一头系在长棍的顶端。

5 将长棍的另一端扎进土里。刮风的时候，风向袋就会鼓起来，告诉你风是从哪个方向吹过来的。用指南针确定具体的方向，这样下次你只要看看风向袋，就知道风向了。

自制气压计

预测天气的方法之一就是利用气压计，它能测量你周围的气压。对气压进行跟踪记录，再看看第二天都是什么样的天气。经过一段时间的练习，说不定你就能自己预报天气了！

活动准备

- 气球
- 剪刀
- 玻璃罐
- 橡皮筋
- 吸管
- 胶带
- 纸
- 记号笔

1 将气球充气放气几次，好让它松弛一些。剪掉气球嘴，将气球紧紧地绷在玻璃罐的口上，然后用橡皮筋固定好。

2 将吸管的一头用胶带粘在气球的顶上，让另一头耷拉在玻璃罐的一侧。

3 把玻璃罐拿到室外，找一个像前门廊那样有遮蔽的地方靠墙放好。在紧靠玻璃罐的墙上用胶带粘上一张纸，用记号笔在吸管指着的位置做上记号。这就是你的基准点。

4 每天去看看吸管都指在什么位置。如果指向的点出现了上下移动，就在纸上做好记录，标明是"高"（如果比你的基准点高）还是"低"（低于你的基准点）。如果玻璃罐外的气压向下压在了气球上（高气压），吸管就会翘起来。而如果罐外的气压低，就会出现相反的情况。

5 现在，通过观察这个气压计，你就可以试着预测天气了！

自制风速计

刮风往往意味着一个气团正在离开，而另一个气团正在填补这个气团的位置。利用风速计这种气象设备，你就能知道风的速度到底有多快。这个活动要求你自制风速计，做好后放在室外。这样只需要往窗外看看，你就知道风有多大了。

活动准备

- ◎ 打孔器
- ◎ 5 个小号的纸杯
- ◎ 剪刀
- ◎ 2 根吸管
- ◎ 订书器
- ◎ 大头针
- ◎ 带橡皮头的铅笔
- ◎ 装了土的花盆或碗（可选）

1 用打孔器在 4 个纸杯距离杯沿 1.5 厘米处分别打一个孔。在第 5 个纸杯的杯沿下 1 厘米左右处，打 4 个孔，这 4 个孔要平均分布在杯壁四周，其中一组相对的孔要比另一对孔的位置略高。然后，用剪刀在这个纸杯的杯底中心戳一个洞。

2 从 4 个单眼纸杯中，任取一个。将一根吸管从杯壁上的孔伸进去，顶到杯内的另一侧，再将顶在杯壁上的吸管一头折起来，用订书器固定好。再取第二个纸杯，以同样的方法用第二根吸管插好。

3 将吸管的另一端从第 5 个纸杯上相对的洞对穿过去，然后在这端吸管上再加一个单眼纸杯。加单眼杯的时候，要同样将吸管推顶在杯壁上。注意，吸管两端的纸杯开口方向一定要相反。然后将吸管的顶端略折，将折起部分用订书器钉在杯壁上。

4 最后的两个纸杯也是这样处理。将一端已钉了纸杯的第二根吸管从四眼纸杯上剩下的两个洞对穿过去，再穿过最后一只单眼纸杯。这根吸管两端纸杯的开口方向也必须相反。然后，将吸管另一端在最后一只单眼纸杯内固定订好。

5 对 4 个纸杯的位置进行调整，要让它们在沿中心纸杯旋转时保持同向。然后，将大头针在两根吸管交错的地方穿过去插好。

6 将铅笔的橡皮头一端朝上，从中心纸杯底部的孔穿过。将大头针压进橡皮里，能压多深压多深。

7 风速计就做好了！将铅笔插在纸杯转动时哪儿也不会碰到的地方。起风时，你的杯子就会转动。风越大，杯子转动得越快。如果你想把风速计放在高一点的地方，也可以把铅笔插在花盆或者装满土的碗里。这样，你就可以很方便地把风速计搬到最适合捕风的地方了。

4. 降 水

词汇单

再循环： 再次使用某物。

冰川： 体积非常庞大的冰和雪。

水循环： 水在自然界的再循环。

蒸发： 液体向气体的转变。

今天下的雨与当初恐龙时代落在暴龙身上的雨水是一样的，你相信吗？这是因为地球上所有的水都处在不断的**再循环**中。这不仅包括河流和海洋中的水，甚至包括被封在**冰川**里的水。

我们现在拥有的水，就是以前和今后所拥有的水。水不会消失，但会改变存在的形态。水从液态转变成气态，之后又变回液态，一遍一遍地就这样不停转换。所有这些变化都是**水循环**的一部分。水在阳光照射下受热后，就会**蒸发**。也就是说，它从液态转变成气态，隐身在空气中。

凝结

降水

蒸发

加热

收集

水循环

当水进入空气后它被称为**水蒸气**。水蒸气虽然看不见，但它就在你的周围！空气中水蒸气的量随时都在变化。如果水蒸气量不多，我们就会觉得空气很干。如果空气中有很多水蒸气，我们就会觉得空气潮潮的。这就是湿度。有的时候，空气中的水蒸气过多了，结果你就被淋湿了——因为下雨了！

词汇单

水蒸气：蒸发后以气态存在于空气中的水。

凝结：水从气态向液态的转变。

重力：地球将物体向下拉的力。

水蒸气升入高空就会产生降雨。还记得吧，高空非常寒冷，所以水蒸气又开始转变成水。水蒸气**凝结**并汇聚在一起，就形成了水滴或冰晶。这使得我们又能看见水了——就是云！云中的小水滴越来越大，直到重得空气再也托不住了，这时**重力**就会将它们拉向地面，形成降水，比如雨呀，雪呀。液态的水可能聚集于江河湖海，也可以落在陆地上再渗入地下。

彩虹的故事

你见过彩虹吗？双彩虹呢？彩虹的尽头真有一罐金子吗？

通常在雨后才能见到彩虹。这是因为彩虹是阳光照在悬浮在空气中的小水滴形成的。要想看到彩虹，太阳必须在你的身后，而彩虹必须在你的前方。

太阳光是由多种不同的颜色构成的，只是一般情况下你不会同时看到所有的颜色。但是在彩虹上，阳光因色散分成不同的颜色，这样你就能同时看到所有颜色。各种颜色的排列顺序始终是一样的：红橙黄绿蓝靛紫。

当双彩虹出现时候，第二道彩虹的位置是在第一道彩虹的上方外侧。它的颜色排列顺序仍然一样，只是里

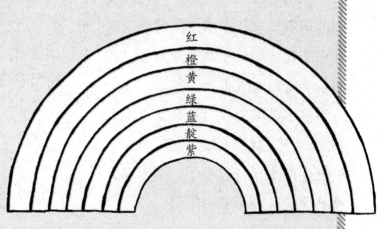

外颠倒了。红色不是在最外圈，而是在最里圈，紫色变成了最外圈的颜色。

再来说说金子的事。很可惜，彩虹不是能摸能碰的实实在在的东西，所以在彩虹的尽头不可能放有一罐金子。不过，这并不妨碍你在看见彩虹的时候感觉自己很幸运呦！

雪

你喜欢每年冬天的第一场雪吗？有的雪又湿又粘，最适合捏雪球、堆雪人。有的雪又轻又蓬松，非常好铲。有的时候，松软的雪上覆盖着一层又硬又脆的壳。如果这层壳够厚，你就可以直接在雪上走。落到地面的雪是什么类型，这取决于雪在降落到地面的过程中所遇到的冷暖空气层。

一开始，雪花在高空中只是一个很小很小的冰晶。之后，空气中的小水滴开始附着在冰晶上，冻结

你知道吗？

有历史记录的最大的一片雪花，是1887年在美国的蒙大拿州发现的，这片雪花的直径足足有38厘米。试试用你的舌头接这么一片雪花吧！

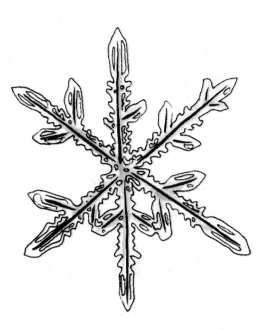

为一体。随着越来越多的小水滴不断附着，冰晶也越变越大，出现了漂亮的形状。绝大多数的雪花都是六角形的，冰晶中形成的这种六角形图案往往都很精美。而且，没有哪两片雪花长得一模一样的。冰晶在重量达到一定程度的时候，就会落向地面。这就是雪！

是雨夹雪？冻雨？还是冰雹？谁来帮帮我啊

雨和雪是最常见的降水方式，区分起来很容易。此外，降水方式还有雨夹雪、冻雨和冰雹，区分起来就不那么容易了，但它们之间还是有区别的。

雨夹雪：看上去有点像雪，但落在地上会弹起来。这些白色的小粒，起初是在非常高的高空形成的冰晶。在下落过程中，因为遇到了一层暖空气，就融化了。但在落到地面之前，又经过了最后一层厚厚的冷空气，结果又冻上了。因为它们是转变成了液体之后又重新冻结成固体的，所以既不轻盈也不蓬松。

雨夹雪

冻雨：在刚开始的阶段，冻雨和雨夹雪一样。不同之处是最后一层冷空气的厚度。如果冷空气的厚度不足以让降水重新冻结成冰，那么它降到地面时就会是温度非常低的雨。冻雨只有在落在物体上时，才会结冰。

冻雨不会从地面上或者从车上弹起来，它就那么直接落下，然后结成一层冰。冰是很沉的，如果挂在树上的冰太多了，就会将树压断，供电线常常就是这样被倒下的树压断的。冻雨有可能造成很大的破坏！

冻雨

冰雹: 看上去像小小的高尔夫球。一开始,冰雹是雷雨云中很小很小的冰块,但这些冰块并没有直接降到地面上来。它们先是在雷雨云中颠簸翻滚,风卷着这些小冰块时上时下,一会儿穿过暖空气,一会儿穿过冷空气。穿过暖空气层时,雨滴就附着在了这些冰粒上。之后冰粒被风卷着,又冲上了高空,穿过冷空气,结果又冻上了。

这个过程一遍遍重复着,冰块也越来越大,最后变成了冰雹。等

冰雹

冰雹沉得风已经再也无法将它们推上高空时,这些冰雹就会降落到地面。大的冰雹体积可以很大,给人类财产带来巨大损失。

你知道吗?

有史以来最大的一颗冰雹,是2010年在美国南达科他州发现的。这颗冰雹的直径达到了20厘米,几乎和一只足球差不多大小。这还是发现时的大小,它已经融化掉一部分了呢!

沙漠与雨林

如果一个地区好久不下雨，我们就称之为**干旱**。一般情况下，高气压和低气压系统会从一个地区移动到其他地区。但有时候，高气压系统被困住了，空气只会向下运动，而不会向上运动。

如果空气不上升，就不会下雨。

词汇单

干旱： 长时间几乎无雨的状态。

球形： 圆圆的，像个球一样。

食物链： 在某种环境下，动植物被食物链上高于它们一层的动植物所食。

这就意味着连续几天都是干燥晴朗的好天气。但是如果这种情况持续几周甚至几年，就变成了干旱。有的干旱会持续**10年**，甚至更久。干旱对动植物和人类都构成了威胁，因为我们都依赖雨水生存。毕竟，植物是**食物链**的起点，所以有足够的雨水能让植物生长就非常非常重要，否则什么都活不了。

有些地区的气候，比如沙漠，就属于少雨或无雨的类型。虽然这些地方往往极端干燥，但生活在那里的动植物已经适应了。

你知道吗？

雨滴其实并不像我们在图画里看到的那样，它不是泪滴形的。雨滴的形状更接近**球形**。有的时候，大雨滴看上去还要更扁一些，就像做汉堡包的面包一样。

我们先来讲讲骆驼。你可能听到过这样的说法，说骆驼在背上的驼峰里储存了水。事实不是这样。骆驼的驼峰里储存的是脂肪，是骆驼的能量储备。这才是骆驼能长时间行走而不需要喝水的原因。而且骆驼能忍受的温度，比其他很多动物能忍受的要高得多。骆驼的四蹄又大又宽，适合在沙地上行走；它们长长的睫毛，能防止沙子刮进眼睛里。甚至，它们还能把鼻孔闭上。但是要是把骆驼放在热带雨林，那它们生存起来就成问题了。

词汇单

树冠：热带雨林中树的顶部。

树懒这种动物非常适合生活在热带雨林中高高的**树冠**上。树懒的毛是从前胸向背后长的，以便树懒用爪子把自己挂在树上时，雨水更容易顺着毛生长的方向流下去。而且，树懒的胃分成好几个部分，这样就能把它吃进去的那些树叶都消化掉。

植物为了适应栖息地的气候条件，也发生了变化。沙漠中的植物必须能收集和储存沙漠里微乎其微的一点降水。雨林中的一些植物，则发展出了气生根，这样它们就可以吸收空气中的水分或者直接吸收雨水，而不用靠从泥土中吸收的水分了。

登山（哦，说说气候）

越高的地方越冷，所以一座高山的山脚和山顶的气候很不相同。就算山脚到山顶的距离没有那么远，随着你一路向上，**生态系统**也会迥然不同。山脚可能是湿热的<u>丛林</u>，而山顶则是冰雪覆盖。生活在山下的动植物，往往也无法适应山上的环境。

此外，山两侧的气候也有可能截然不同。这是因为大山高耸的山体对气候产生了影响。空气从湖泊海洋上空经过时，会吸收从这些水体蒸发出来的水汽，然后会携带水汽流动到陆地上空。在遇到高山时，受风力的抬升，空气会向上爬升，继而翻过山去。在空气沿山的一侧上升时，会变得越来越稀薄，温度也会逐渐降低。而在温度降低时，就会将水分释放出来，在山顶这一侧便会形成降雨。山的这一侧就叫做**迎风面**。

词汇单

生态系统：动植物和它们所生活的环境。

迎风面：迎着风的一侧。

云翻过山后，就会损失全部水汽，变得比较干燥。因此，山背风的那一侧就会非常干燥。这就是**背风面**。从山的背风面延伸出去的雨水稀少的区域，就被称作是这座山的**雨影区**。有的雨影区降水太少，结果就成了沙漠。戈壁大沙漠就是这样形成的，它正好处于亚洲喜马拉雅山脉的背风面。

词汇单

背风面：风吹不到的一侧。

雨影区：因为雨水都降到了山上，山附近根本得不到降雨或降雨稀少的区域。

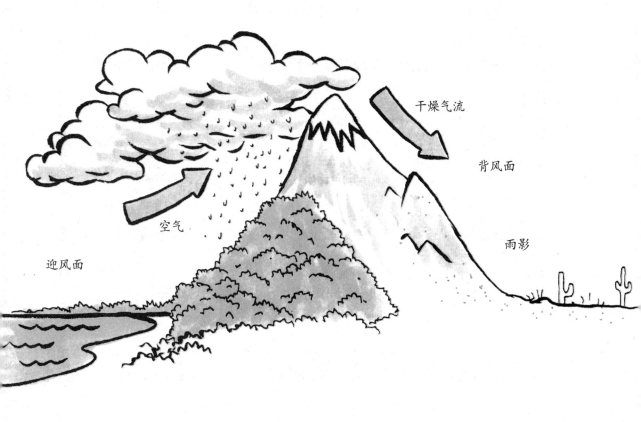

干燥气流

背风面

雨影

空气

迎风面

全球各大山脉及其雨影区

全球各地都有雨影区，有的雨影区面积较小，有的则相当大。这些雨影区中既有广袤的沙漠，也有人流熙攘的城市，还有四面环水的岛屿。

地区	山脉	雨影区
北美洲	太平洋海岸山岭及内华达山脉	死谷
夏威夷	哈莱阿卡拉火山（东毛伊火山）	卡霍奥拉韦岛
欧洲	帕尼萨山	雅典
亚洲	喜马拉雅山脉	青藏高原
南美洲	安第斯山脉	阿塔卡马沙漠
非洲	阿特拉斯山脉	撒哈拉沙漠

自制雨量计

只看户外的雨水，是很难判断雨量到底有多少的。那么，气象学家是怎么知道具体雨量的呢？他们靠的是雨量计。在这个实验中，做一个雨量计，这样就能跟踪落在自家房子上的雨量了。

活动准备

◎ 瓶侧直上直下的干净瓶子或罐子

◎ 刻度尺

◎ 防水记号笔

1 将瓶子或罐子上的标签都去掉，并将瓶内刷净晾干。

2 将刻度尺贴在瓶侧。从瓶底向上，每隔 0.5 厘米，用记号笔做个标记。

3 将瓶子放在室外摆好，瓶子上方不能有任何会挡住雨水的东西。如果你觉得瓶子有可能会倒，可以将瓶子浅埋在土里一些，或者四周用石块砖头卡住。

你知道吗？

有些动植物只能在特定的雨影区生存。比如魔鳉这种体型极小的鱼，就只生活在美国死谷中的浅塘里。

4 每场雨后去看看瓶中的水量。你甚至可以做个记录表。不过记得每次雨后，都要将瓶子里的水倒净，这样下一次降雨时，记录的读数才会准确。

自制雪花

做一片不会融化的雪花，让它一年到头提醒你冬天的存在！挂在窗户旁边，让它一闪一闪地亮起来。

请大人帮你烧水。

活动准备

- 做手工用的毛根
- 剪刀
- 阔口玻璃罐
- 绳子
- 铅笔
- 糖或盐
- 开水
- 蓝色食用色素（可选）

1 将毛根剪成等长的4段，呈米字形摆好，交叉卷好弄牢，这就是雪花的雏形。注意，雪花的大小要能放进玻璃罐里。

2 剪一截绳子，一头系在雪花上，另一头系在铅笔上。绳子的长度要让雪花吊在罐子里，还不会碰到罐底。调整好绳子长度后，先将雪花放在一边。

3 罐子里倒入开水和糖或盐。每杯水（约240毫升）放3大勺糖或盐，搅拌均匀。可能有一部分糖或盐会沉淀在罐底，这个没有关系，只要确定搅拌均匀了就行。如果你愿意，可以再加一点色素。

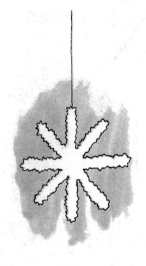

4 将雪花吊进罐子里，不要去动它。第二天，上面就会有晶体出现，变成了一只漂亮的雪花！

64

自 制 雨

用不着跳祈雨舞来来雨。下面这个实验会告诉你，雨在大气中是怎样形成的。

请大人帮你烧热水。

活动准备

- 玻璃罐
- 热水——不是开水
- 盘子
- 冰块

1 将罐子上的商标等去掉，以便能清楚地看到罐内的情况。

2 请大人帮忙烧些热水，水量以倒进罐子里时高度达到 8 厘米左右为宜。记得不能用开水，否则罐子会炸裂。

3 将盘子放在罐口上，放入冰块。观察几分钟，看看会出现什么情况。

4 盘子的底部会慢慢出现水滴。这与高空大气中出现的情况很类似。水蒸气（就像热水冒出来的蒸汽一样）上升后遇到了高空中较低的温度（就像那只冰凉的盘子一样）后凝结，又以液态的形式降落下来——这就是雨！

自制彩虹

每个看到天边彩虹的人都会很兴奋。其实，想看彩虹用不着站在外面等。这个实验会告诉你如何造出自己的彩虹——在屋里！

活动准备

- 玻璃杯
- 水
- 晴天或手电筒
- 白纸

1 水杯加水至四分之三处。

2 站在有阳光照进来的窗户边，或者打开手电筒。

3 把白纸放在杯子的另一侧，让光线穿过杯子中的水照在纸上。水会将阳光色散为组成它的各色光。一道彩虹会出现在纸上！

光

4 你可以试着改变光线入水的角度，观察这种变化对彩虹会造成什么影响。

5. 云

看云和看彩虹一样，都很有趣。云总是在不断移动，变换着形状。试着在草地上躺下来，好好观察一下云朵。只要你能想出来的形状，云都能变出来！

● ● ● ● ● ● ● ● ● ● ● ●

不过，不是所有的云都适合你没事时在那里遐想。有些云会产生非常危险的闪电，有些云会带来冰雹。所有的云都携带着它的信息，通过学习云的"语言"，你就能读懂这些信息。比如，高高飘在天上丝丝缕缕的云，是在告诉你今天会是好天气；而厚重低垂的浓云，是在警告你风暴即将到来。

云 是 什 么

云是由水构成的，确切地说，是由水蒸气和冰晶构成的。我们已经知道，水蒸气升入高空后会变冷，凝结后重新成为液体或者小水滴。之后，这些小水滴开始附着在空气中漂浮的尘粒上。很快，形成的小水滴越来越多。当这些小水滴的数量达到数十亿的时候，你就能在天上看到它们了——这就是云。

云之所以是白色，是因为云将阳光中各种颜色的光都反射了出去。当云因为小水滴变多而增厚时，就不是所有的光都能通过了，这时云就变成了灰色，甚至近乎黑色。这时的云，差不多随时可能把其中的水滴到你头上了！

你知道云有很多种，而且每种云都有自己的名字吗？其中常见的几种有卷云、层云和积云。每种云的样子各不相同，都为我们传递某种气象信息。

你知道吗？

其他的行星上也有云。金星上就有大量的云，这些云是由有毒气体构成的。千万不能在那儿观云哟！

云　　"语"

　　有三种云你应该见得比较多。当然云还有其他很多种。雨云，也就是已经在下雨或下雪的云，说明很快就要电闪雷鸣了。

如果看起来是	那说明
丝丝缕缕的薄云，长长地拖着，高高地飘在天上。	卷云：天气晴朗，在 24 小时内会出现天气变化。
灰色的云，常常会遮蔽整个天空，就像没有沉到地面上的雾一样。	层云：可能已经起雾或者飘起小雨了。
蓬松的白色云朵，像棉花一样。	积云：天气晴好——一般情况下。

雾

你有没有过这样的经历：早晨起来往外一看，结果只能看到一片白茫茫的雾气，遮蔽了一切？这就是雾。

雾是在非常接近地面的地方形成的一大片云。根据成因的不同，雾又分为很多种。透过窗户看到的那种雾，是因为地面在夜间冷却，造成接近地面的空气温度也跟着降低，使得空气中的水汽凝结附着在尘埃颗粒上形成的。

还有一种雾，是因为热空气经过温度比它低的地表时形成的。比如，来自海洋的温暖空气在清晨时吹过温度要低一些的海滩时，陆地使空气冷却了下来，就产生了雾。鲸最喜欢海上有雾的时候，它们会藏在雾里，对着雾"唱歌"！

山脉也会产生雾。当热空气沿着温度较低的山坡向上爬升时，被冷却的空气就会在山坡上形成雾。位于美国加利福尼亚州的中央谷地，每到秋冬季节常会出现一种雾，叫吐尔雾。来自太平洋海岸山岭以及内华达山脉的寒冷空气顺山而下，在中央谷地一困数日，甚至数周。这种雾有时能浓得你连30厘米以外的东西都看不见。

你知道吗？

地球上雾最强的地方在加拿大纽芬兰大浅滩。在这里，来自北方的极冷空气与来自南方的极暖空气交汇。

自制 3D 云图

活动准备

- 介绍云的类型并配有相关图片的书籍或网站
- 棉花
- 记事板
- 白乳胶
- 粗头黑色记号笔

本次活动的目标，是自制 3D 云图，来帮助自己记住不同的云都有什么意义。

如果你需要上网搜索云的各种图片，需有大人在一旁监督。

1 下面这个图，可以帮助你了解常见的几种云的名字和形态。你也可以从书上或者网上找一些图片，添加云的其他类型，例如雨云、高层云、积雨云、卷积云、高积云，还有层积云等。

2 用棉花将各种云的形态做出来，粘在记事板上。将做好的各种云标示清楚。

3 制作灰色的雨云或者雷云时，可以用黑色的记号笔轻轻上一些色。

4 将做好的云图挂在窗户附近，帮助你辨识各种云。

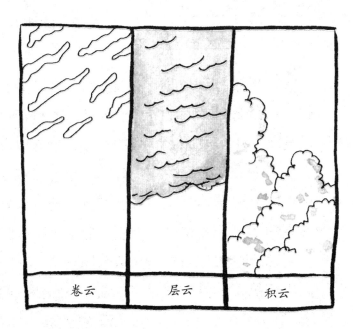

| 卷云 | 层云 | 积云 |

自制能吃的"云"

活动准备

- 烤箱
- 4 只蛋白
- 和面盆、电动打蛋器
- 半茶匙塔塔粉
- 500 克糖
- 可封口的保鲜袋
- 剪刀
- 烘培用的防粘纸

用下面这个食谱，可以做出能和家人、朋友一起分享的能吃的"云"。试着尽量让它们看起来像各种不同类型的云。

使用烤箱时，需由大人协助。

1 烤箱 110℃ 预热。

2 鸡蛋只取蛋白，倒入盆中，用电动打蛋器将蛋白打出泡沫。将打蛋器调至中速，将塔塔粉倒入蛋液。之后，逐步加入两大匙糖（约 31 克）。

3 等蛋液打到出现软柔的山峰形状（即软性发泡）时，再加入 1 匙糖（约 15 克），然后将打蛋器调至高速。等蛋白泡出现不倒的硬尖（即硬性发泡）时，逐步将剩下的糖加进去。

4 等到糖和蛋的混合液很黏稠很亮的时候，就可以做云了。用匙子将混合液倒入塑料保鲜袋，把袋子下面的角剪掉一个，在防粘纸上挤出你想要的云的形状。

5 等完成这些创作后，放进烤箱烤 1 个小时左右。烤好的云摸起来应该是干透了的。在享受自己的云朵点心时，给大家介绍一下每朵云是什么云，会带来什么样的天气。

自制罐中雾

活动准备

- 黑纸
- 胶带
- 玻璃罐
- 水
- 食用色素
- 火柴
- 装满冰块的塑料封口保鲜袋

通过这个实验，你可以亲眼看到雾的生成。试试看，你能让雾"长"多浓。

使用火柴时，需大人帮助。

1 将黑纸贴在罐外远离你的一侧，这样能更清楚地观察雾。

2 罐内倒入热水（注意：不是开水）至三分之一处，再滴入几滴食用色素。

3 请大人帮忙划着一根火柴，让火柴在罐口燃烧几秒钟。这是为了加热罐内的空气，同时产生烟雾。之后，将火柴丢入罐中，用装了冰的保鲜袋盖住罐口。

4 观察几分钟，你应该会看到罐内出现了一小团雾。这是因为热水开始蒸发，水蒸气附着在火柴产生的烟雾微粒上，就像高空中的水蒸气附着在尘埃微粒上一样。然后，随着空气在冰块的影响下冷却，水蒸气开始凝结。你制造的雾就出现了！

6. 极端天气

　　天气有时晴，有时阴，有时是阴晴交替。有时下雨，有时还下点雪。这没有什么了不得的，对吧？可是确实也有些时候，天气糟糕到吓人的地步，说不定会出现大雷暴、暴风雪，甚至飓风或者龙卷风。

● ● ● ● ● ● ● ● ● ● ●

　　极端天气在全球各地都会发生。但是，有些地方出现极端天气的次数，要比其他地方多。比如，美国中部地区常常被称为"龙卷风走廊"。这是因为，发生在这里的龙卷风，比美国其他任何地方的都多，而且是多很多。

雷　暴

我们都知道雷暴是什么样子，但雷暴到底是什么引起的呢？雷暴的产生，是冷气团与热气团碰撞的结果。如果两个气团之间有很大的温度差异，十有八九就要出现暴雨天气了。

冷气团和热气团相遇时，冷气团会切入到热气团的下面。这就使得热气团被斜向上推入高空。而当热气团遇到了比它位置更高，而且温度又低的空气时，热气团中蕴含的水汽就会迅速凝结。带来的结果，就是携带着电闪雷鸣的一团黑色暴雨云。

雷暴过程中，不断积聚的电荷会打出耀眼的电火花，这就是闪电。想想你在地毯上使劲蹭脚之后，再去碰别的东西会怎样？啪！你身上已经积累了电荷。闪电也是一个道理，只不过是规模要大很多很多。

闪电是因为风暴云中的一些小水滴变成了冰晶，开始彼此碰撞而产生的。随着冰粒的彼此碰撞和摩擦，电荷开始在云的内部积聚。与此同时，云下面的陆地上，也有电荷在累积。地面上的突起是电荷最强的地方，比如山、树，甚至是草。从云里释放出来的电荷，与来自地面的电荷相接时——啪！这就是闪电！

词汇单

声波：空气中肉眼看不见的振动，听起来就是声音。

超级单体：气流急剧上下运动产生的一种破坏力非常强的雷暴。

你听到的雷声来自闪电附近迅速升温并膨胀的空气，这种迅速的膨胀产生了**声波**。声波的传播非常迅速，你听到的声音就是我们所说的雷。这就和你把塑料袋吹鼓再啪地一下拍爆是一个道理。你所听到的声音，是被压缩的空气冲出来填补原来袋子留下的空间。

龙 卷 风

龙卷风是自然界中最猛烈的风暴。大家比较熟悉的是那种漏斗形的龙卷风。这些旋转的空气柱，来自被称为**超级单体**的强雷暴，而且是从空中向下直触地面。最强的龙卷风风速可达 480 千米／小时，在数秒之间就可将大型建筑和树木彻底摧毁。

大多数龙卷风的持续时间只有 5 到 10 分钟，据说有些龙卷风能持续 1 个多小时。有的龙卷风相对比较弱，有的破坏力则非常强。龙卷风的强度可以用改进型藤田级数来划分。

改进型藤田级数及风速	可能造成的破坏
EF 0 级（105—137 千米 / 小时）	树枝折断，对部分房顶会造成破坏。
EF 1 级（138—177 千米 / 小时）	部分房顶会被吹飞，行驶中的车辆可能被吹离道路。
EF 2 级（178—217 千米 / 小时）	大面积破坏。活动房彻底毁坏，列车翻车，大树被连根拔起。
EF 3 级（218—266 千米 / 小时）	房顶和墙壁被刮走。
EF 4 级（267—322 千米 / 小时）	房屋损毁，汽车被抛出去。
EF 5 级（＞ 322 千米 / 小时）	房子被掀翻，卷出相当远的距离，变成残砖碎瓦。汽车被凌空抛出很远，钢筋混泥土结构的建筑出现严重损毁。

你见过龙卷风吗？美国每年差不多会发生 1000 次龙卷风，比世界上其他任何地方都多。这些风暴中的绝大多数，都发生在位于得克萨斯州和南达科他州之间的龙卷风走廊。

春夏季节，来自墨西哥湾的暖湿气流上升，与来自加拿大的干冷空气相遇。这些干冷空气，不仅位置更高，运动的速度也与位置较低的墨西哥湾暖湿空气不同。二者相遇时，就可能产生一个旋转的风暴。

如果形成风的各种条件都正好，风力也足够强，那么这种风暴就会像陀螺一样旋转起来，形成一个漏斗状的云。如果风暴还携带着大雨和冰雹，那么漏斗就会不断下垂直至接触到地面。这个时候就得马上找躲避的地方了，因为龙卷风到了！

飓　风

　　飓风，是形成于温暖的海洋水体的大型热带风暴。在温暖湿润的空气上升时，周围区域的空气就会来填补上升的空气留下的位置，等填补空缺的空气在接触了海洋也变得温暖后，又会上升。这个过程不断重复，就会演变成一场强烈的螺旋形风暴。

　　随着风暴的旋转速度越来越快，在风暴中心就出现了一个风眼，风眼平静而无风。处于风眼位置的人们，往往会觉得飓风已经过去了——但事实上只过去了一半！飓风一旦登陆，往往就不会延续太长时间了，但是它带来的暴雨、强风和巨浪仍可能对沿海地区的建筑物、树木和车辆造成很多损失。

你知道吗？

　　2005年8月，飓风卡特里娜横扫美国路易斯安那州的新奥尔良市，对该市造成了灾难性破坏。这场飓风造成了1836人死亡，数百人失踪，是美国飓风史上伤亡人数最多的第三大飓风。

现在发布极端天气预警……

与龙卷风一样，飓风也有等级划分，即萨菲尔—辛普森飓风等级。

萨菲尔—辛普森飓风等级	可能造成的破坏
1级（119—153千米/小时）	活动房屋翻倒，树木折断，部分海岸遭受洪水，小码头受损。
2级（154—177千米/小时）	独立屋可能被拔起，活动房屋受损，树木严重受损。
3级（178—209千米/小时）	最多发的级别。建筑物损毁严重，活动房屋被彻底摧毁，海岸沿线大部分遭受洪涝，内陆也有小部分地区有洪水发生。
4级（210—249千米/小时）	很多房屋被彻底摧毁，洪水会蔓延到内陆较远的地方。
5级（250千米/小时以上）	建筑物全部损毁，内陆同样洪水泛滥，大部分地区被彻底损毁。

| 1级 | 2级 | 3级 | 4级 | 5级 |

你知道吗？

有这么一些人，被称为飓风追逐者。他们驾驶着结构坚固的飞机飞到飓风旁，还进入飓风内部去采集测量数据，发回有关风暴的信息。

与龙卷风不同的是，飓风可能会持续一段时间。为了便于追踪，人们给飓风起了名字，按照字母顺序、男名和女名轮换使用。每个飓风季节开始的时候，名字都重新从 A 开始。如果哪个飓风造成了灾难性损失或者巨大人员伤亡，这场飓风所用的名字就不再启用。每个飓风季节都会有 5 到 6 场有名字的飓风。公认的飓风季节是每年的 6 月 1 日至 11 月 30 日。虽然不是所有的飓风都在这个期间发生，但绝大部分是在这个期间。

自制闪电：第1部分

当然，你不可能制造出真正的闪电，但这个活动能帮助你认识到任何物体都是携带着电荷的。你还能看到闪电到底是怎样产生的。

活动准备

- 🌀 一次性铝箔纸盘
- 🌀 带橡皮头的铅笔，橡皮头需是新的
- 🌀 大头针
- 🌀 泡沫餐盘
- 🌀 一截毛线

1 将铝箔纸盘倒扣过来。铅笔橡皮头朝下拿好。用大头针从盘子下，隔着盘子扎进橡皮头。

2 将泡沫餐盘倒扣在桌子上，用毛线在盘子底部快速摩擦几分钟。注意不要碰盘子。

3 用铅笔做把手，把铝箔盘拿起来，扣在泡沫盘上，然后用手指碰一下铝箔盘。你会感觉到一次小小的电击！如果没有，就把泡沫盘再拿毛线摩擦摩擦，时间比上次更长一些。如果在黑暗中做这个实验，你还会看到小小的电火花呢。

4 和真正的闪电一样，一切的关键都是电荷。铝箔盘上的电荷来自被毛线摩擦过的泡沫盘。这个电荷与来自你手指的电荷相接，就产生了一个小小的闪电。

啪！

自制闪电： 第 2 部分

你见过自己嘴里的闪电吗？在本次活动中，你就能……别担心，这个实验不会伤着你，而且还很好吃！

活动准备

◎ 黑暗的房间

◎ 薄荷味圈圈糖

◎ 镜子

1 将灯关掉，等几分钟，让眼睛适应黑暗。之后，往嘴里扔几颗圈圈糖。

2 尽可能地把嘴张开，一边吃糖一边看镜子。你应该会看到有小火花在你嘴里闪烁！

3 在这个实验里，你是在释放圈圈糖内部积聚的那一点电荷。这些电荷与你嘴里的电荷电性正好相反，于是就产生了微小的电火花。

坑坑

雷 雪

　　冬天会打雷？一般情况下你在冬天是听不到雷声的，但是在有暴风雪的时候，确实可能出现闪电。有闪电，就会有雷声，这就叫雷雪。雷雪只在空气中存在大量水分时才会出现。大多数雷雪都出现在大湖附近，比如美国犹他州的大盐湖，还有美国和加拿大交界的五大湖。

自建气象站

在这个活动中，你要利用本书其他活动中介绍的仪器建立起自己的气象站。这样你就可以每天查看自己的气象设备，把观测结果记录下来。你还可以试着预报第二天的天气，看看自己预报的准确度有多高！

活动准备

- 2根粗木钉或木棍（至少48厘米长）
- 游戏用的插钉板
- 毛根若干
- 本书活动中介绍的其他一些自制设备，如风向袋、气压计、风速计，以及雨量计
- 带纸的记录板
- 铅笔

1 用毛根将木钉固定在插钉板的背面，将毛根拧紧。木钉下端应露出插钉板底部约30厘米，用于将气象站插入土中固定。

2 将各种气象仪器，也就是你在本书其他活动中制作的那些仪器安装在插钉板上。可以将风向袋和风速计装在插钉板上方的左右两角上，这样就不会相互妨碍。

3 注意不要让任何一个仪器妨碍到其他仪器的运转。比如，气压计上的吸管必须要能上下移动自如，雨量计上方不能有一点遮挡。

4 将做好的气象站搬到室外不会被磕碰的地方，把木钉插进土里，这样气象站就能稳稳地竖立着。每天查看一遍这些气象仪器，确保各种仪器都运转正常。

5 在纸上做个表，列上星期几、观测数据、预测结果和实际天气，夹在记录板上，将每天的观测数据记录下来。

麦克默多站

　　南极也有个气象站——麦克默多站，那里确实有人驻扎，也是人类在南极最大的聚集地。生活在麦克默多站的人，绝大多数是从事南极项目的美国科学家。这里夏季的人数可超过 1000 人，冬季则有 200 人左右。不过麦克默多的季节变化只有冷和更冷，或者亮和黑之分。所谓"夏季"，就是全天太阳都不会落下的 4 个月的极昼，"冬季"则是终日都是黑夜的 4 个月的极夜，剩下的那几个月，太阳不是在升起，就是在落下。在这里，全年的平均温度都在 0℃以下！

自制恶劣天气应急包

你阻止不了恶劣天气的发生，但可以为应对恶劣天气做好准备。装备好一个应急包，随时补齐里面的应有物品。不论遇到什么天气，都能保证家人的安全。汽车里也要放一只恶劣天气应急包。

活动准备

- 纸和笔
- 带盖的塑料盒，不仅要大而且要结实
- 胶带
- 各种应急物品（参见步骤1）

1 和家人一起讨论决定恶劣天气应急包中应有的物品。供参考的选项有：食物和水、毛毯、急救包、手电筒及电池、多功能工具、防水火柴、塑料袋、厕用纸或卫生纸，以及用电池的收音机。能量棒和干果是很好的食物选择，因为保质期比较长。列一张清单，按照清单将所有物品准备好，放入应急包。

2 将紧急电话号码写在纸上，不仅要有朋友和家人的电话，还要有电力公司的电话、报警电话和火警电话。

3 将物品清单贴在应急包的内侧，以便某样东西用完了可以参考清单来进行补充。

4 将应急包放在容易取放的地方，比如客厅的壁柜里，以备风暴到来。存放点必须是黑暗中也容易找到的地方。

自制瓶子里的龙卷风

用不着去追逐龙卷风，也能大概知道龙卷风是什么样子！

活动准备

- ✺ 2升大小的塑料空瓶，带盖
- ✺ 水
- ✺ 液体肥皂
- ✺ 醋
- ✺ 小亮片和食用色素

1 将空瓶上的商标除去，瓶子洗净。灌入清水，至四分之三处。

2 各倒入一茶匙（约5ml）液体肥皂和醋，再加入小亮片和食用色素。

3 拧紧盖子，晃动瓶子，让里面的各种成分混合均匀。

4 把瓶子倒过来，做圆周晃动，里面就会出现一个漏斗形的漩涡。这就是你自己的小龙卷风！

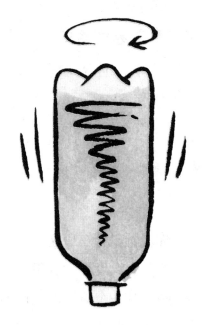

1. 气候变化

　　每天的气象预报结果可能不是百分之百准确，但对室外天气的变化总能有个大致概念。例如生活在美国的北方，你就知道冬天会很冷。池塘会结冰，冬天一般都会下雪。室外活动更可能是滑冰或者玩雪橇，而不是骑自行车。如果住在南方，又正是夏季，你就知道天气会很热。游游泳，再来一杯冰镇柠檬水才惬意！

　　你之所以会知道这些，是因为一个地区每年的气候都不会有大变化。每个季节的温度变动，很大程度上是可预测的。但是如果把眼光放得更远一些，对一个地区的气候不只是观察一年，甚至不只十年，而是更长时期地跟踪观察，结果又会怎样呢？

如果对气候进行数百年甚至数千年的跟踪观察并列出一个巨型表格，你就能发现，一个地区的气候随时间不同而变化。2万年前地球正在冰期，可能就更冷些。而1000年前，地球的气候比现在湿润温暖，那可能就暖和些。

与每天都在变化的天气不同，气候的变化是一个非常非常缓慢的过程。这与你今天出门时直冒汗，明天出门却要穿外套戴手套不一样。由于气候变化的速度极度缓慢，科学家们必须得回溯很长时间才能看到变化的**趋势**。

词汇单

趋势：向某个方向的运动。

农作物：为用做食物或其他用途而种植的植物。

牲畜：为用做食物或其他用途而饲养的动物。

是不是有点冷？

气候变化的一个例子，就是1550年至1850年左右出现的"小冰期"。冰期时，地球的大部分地区都被巨大的冰川所覆盖。"小冰期"情况虽然没有冰期那么严重，但对人们的生活仍产生了巨大的影响。现有的冰川体积变得更大了，覆盖了原来的农场。河流和运河封冻了。降雪量远远高过往年。**农作物**绝收了，**牲畜**冻死了，人们饥肠辘辘，苦苦挣扎。

到底是怎么回事

科学家们认为，气候变化的原因多有不同。可能是地球轨道或者地球面向太阳的倾角出现了微小改变，也可能是太阳的热量输出有了细微变化。这些你都不会注意到，但天气却会因此出现微小变化。

造成气候变化的另一个原因是强烈的火山喷发。极细的火山灰会被喷射到高空，这些尘埃颗粒会造成阳光的强度降低，时间可长达数月之久。这足以在相当一段时期内对气候造成影响。

全球变暖

还有一个造成气候变化的原因，就是地球上的人类活动。很多科学家认为，人类今天的生活方式导致了全球气温的不断上升。在人类为满足自己采暖、开车等能量需求而燃烧天然气、石油和煤炭等**化石燃料**时，

很多气体被释放进了大气。包括二氧化碳在内的这些气体，形成了一个看不见的毯子，将地球包裹了起来。热量被这层毯子锁在了接近地表的地方，无法散发，结果全球的气温开始出现了缓慢上升。这就是**全球变暖**的原因。

词汇单

化石燃料：可以通过燃烧获取能量的三种燃料，也就是石油、天然气和煤炭。这些燃料形成于 3 亿多年前，是古动植物的微小化石构成的。这些燃料烧光了，就永远也不会再有了。

全球变暖：地球大气平均温度的整体上升。

温室气体：大气中能保温的气体。

那些气体被叫做**温室气体**，因为它们就和温室的玻璃一样，能让阳光晒进来为地球加温，却阻止了热量的散发。

全球温度的不断上升，意味着降雨更少，干旱更多。同时还意味着，冰川会慢慢融化，继而导致全球海平面的上升。所有这些变化将动物、植物和人类都置于危险境地。

地球上天然气、石油和煤炭的储量终究是有限的。科学家及有关人士呼吁每个人都要节约使用。通过废物回收和再利用，就可以节约化石燃料。这不仅能保护地球的现有资源，还能降低进入大气的温室气体的排放量。而通过延缓全球变暖，地球就可以在漫长的时间中自然地实现气候变化了。

你知道吗？

仅格陵兰岛的一座冰川，每天就减少 2000 万吨冰。这些冰如果化成水，相当于纽约城全部人口一年的用水量。

自制全球变暖清单

帮助控制和减少化石燃料的使用，我们有很多事可以做。为自己家列出一份清单，这样你就知道怎样才能做出自己的贡献了。

活动准备

◎ 彩纸

◎ 记号笔

◎ 透明的文件保护套

◎ 白板擦

◎ 细绳

◎ 胶带

1 参照下面的起始清单，每一项单列一行，在旁边画个方框。

2 把你能想到的方法都加到清单上。等都写好了，将清单放入保护套中夹好。

3 把白板擦用细绳系上，细绳的另一端用胶带粘在文件套上。

4 把清单挂在全家人每天一抬头就能看到的地方，比如冰箱上。

5 每天都鼓励家人为保护环境采取实际行动，用记号笔在文件套外面方框相应位置打勾。一天结束的时候，将所有打的勾擦掉，第二天从头再来。

图书在版编目（CIP）数据

探索天气：25个了解天气的趣味活动/（美）赖利（Reilly, K. M.）著；（美）斯通（Stone, B.）图；迟庆立译. —上海：上海科技教育出版社，2016.7（2023.8重印）

（"科学么么哒"系列）

书名原文：Explore Weather and Climate

ISBN 978-7-5428-5889-4

Ⅰ.①探…　Ⅱ.①赖…　②斯…　③迟…　Ⅲ.①天气—青少年读物　Ⅳ.①P44-49

中国版本图书馆CIP数据核字（2016）第062638号

责任编辑　刘丽曼
装帧设计　杨　静

"科学么么哒"系列

探索天气——25个了解天气的趣味活动

［美］凯瑟琳·赖利　著
［美］布赖恩·斯通　图
迟庆立　译

出版发行　上海科技教育出版社有限公司
　　　　　（上海市闵行区号景路159弄A座8楼　邮政编码201101）
网　　址　www.sste.com　　www.ewen.co
经　　销　各地新华书店
印　　刷　天津旭丰源印刷有限公司
开　　本　787×1092 mm　1/16
印　　张　6
版　　次　2016年7月第1版
印　　次　2023年8月第3次印刷
书　　号　ISBN 978-7-5428-5889-4/G·3277
图　　字　09-2014-129号
定　　价　32.00元